核电知识简明手册

中国核能行业协会　编著

中国原子能出版社

图书在版编目 (CIP) 数据

核电知识简明手册 / 中国核能行业协会编著 . -- 北京 : 中国原子能出版社 , 2023.1

ISBN 978-7-5221-2640-1

Ⅰ . ①核… Ⅱ . ①中… Ⅲ . ①核电工业－基本知识 Ⅳ . ① TL

中国国家版本馆 CIP 数据核字 (2023) 第 007922 号

核电知识简明手册

出版发行	中国原子能出版社（北京市海淀区阜成路43号　100048）
责任编辑	胡晓彤
责任校对	冯莲凤
责任印制	赵　明
印　　刷	北京中科印刷有限公司
开　　本	787 mm×1092 mm　1/16
印　　张	4.875
字　　数	143千字
版　　次	2023年1月第1版　2023年1月第1次印刷
书　　号	ISBN 978-7-5221-2640-1
定　　价	48.00元

发行电话：010-88828678

出版电话：010-88828681

目录 CONTENTS

一、为什么坚持发展核电

二、核能发电、核电厂的基础知识

CONTENTS

三、辐射的基础知识

四、我国核安全监督管理与核安全现状

CONTENTS

五、世界三大核事故及其教训

六、核电项目建设与周边经济发展

七、“华龙一号”的几个重要概念

1

一、为什么坚持发展核电

1. 核电是清洁能源

燃煤发电仍然是我国电力生产的主要形式。但传统燃煤发电厂在燃烧燃料时会排放大量的二氧化碳（CO_2）、二氧化硫（SO_2）、氮氧化物（NO_X）等气体及粉尘。二氧化碳（CO_2）是产生温室效应的主要原因，二氧化硫（SO_2）、氮氧化物（NO_X）是造成酸雨的元凶，粉尘威胁环境安全、影响居民健康。

核电厂在发电过程中不排放温室气体以及二氧化硫（SO_2）、氮氧化物（NO_X）和粉尘。两台百万千瓦核电机组与同等规模燃煤电厂相比，每年少消耗标准煤 510 万吨，减排二氧化碳（CO_2）1 336 万吨以及二氧化硫（SO_2）、氮氧化物（NO_X）8.1 万吨。

2. 核电是高效稳定能源

一座百万千瓦级的核电厂，每年只需要补充 30 吨核燃料，而同等规模的火电厂每年则需要烧煤 255 万吨。30 吨核燃料用一辆重型卡车即可运输，而 255 万吨原煤，需要一年 365 天不间断，每天 100 节火车车厢连续拖运。

核电基本不受暴雪、暴雨、狂风、洪涝等气候或灾害影响，不受交通运输制约，具有全天候电源的优势，能够持续稳定提供高品质电量，为电力生产和供应提供可靠的保障。

3. 发展核电的战略意义

第一，发展核电有利于能源的多元化、保证我国能源的长期稳定供应，保障国家能源安全。

第二，发展核电有利于调整能源结构，改善大气环境，缓解地球温室效应。

第三，发展核电有利于提高装备制造业水平，促进科技进步和技术创新。

第四，核能是国家战略必争之领域。掌握先进核能技术将有效提升国家的核心竞争力，有利于提振我国在国际上的话语权与外交主动权。

4.“碳达峰”“碳中和”的概念

2020 年 9 月，习近平主席在第 75 届联合国大会上提出“中国将提高国家自主贡献力度，采取更加有力的政策和措施，二氧化碳排放力争于 2030 年前达到峰值，努力争取 2060 年前实现碳中和。”人们习惯性地将这个目标称为“双碳目标”。

“碳达峰”，是指在某一个时间点，二氧化碳排放不再增长、达到峰值，之后逐渐回落，“碳达峰”是二氧化碳排放量由增转降的历史拐点。“碳中和”，也称“净零排放”，指对人类经济社会活动所必需的碳排放，通过森林碳汇和其他人工技术或工程手段加以捕集利用或封存而使排放到大气中的温室气体净增量为零。

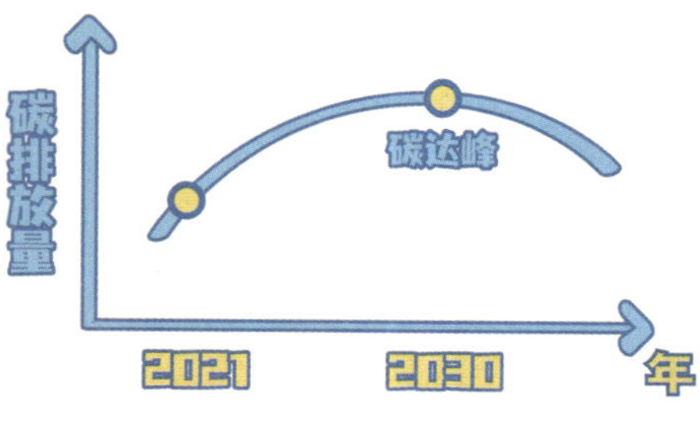

5. 实现“双碳目标”，核电不可少

核电曾在欧美等发达国家“碳达峰”过程中发挥了重要作用，“碳中和”背景下核电的发展正在被重新重视。国际能源署的研究表明，核能目前仍是世界发达经济体最大的低碳能源，在过去的半个世纪中核能贡献了一半的低碳电力，支撑全社会降低二氧化碳的排放。近期，为进一步强化气候目标，欧盟将核能纳入了《欧盟可持续金融分类法案》，法国、荷兰等国政府明确提出了继续发展核电，日本在石油价格压力下也陆续重启核电，美国、俄罗斯及英国则从未放弃核电的建设。

与发达国家相比，我国碳减排任务更加艰巨，一是当前我国碳排放总量大，超过美国、欧盟等；二是减碳时间紧，欧美发达国家从碳达峰到碳中和有 50 ～ 70 年，而我国仅有 30 年时间；三是我国仍处于对能源需求持续增长的发展阶段，既要控排放又要保经济增长，给“碳达峰”“碳中和”带来巨大挑战。

能源系统的碳减排是我国实现“碳达峰”“碳中和”的关键，核电在碳减排过程中所发挥的作用是无可替代的。政府间气候变化专门委员会（PCC）的评估报告指出，核能蕴含的单位质量能量密度是化石能源的几百万倍，是全生命周期碳排放最小的发电技术之一。作为清洁低碳安全高效的优质能源，核电具有能量密度高、无间歇性等优点，是目前唯一可以大规模替代化石能源的基荷能源。

6. 风电、太阳能发电和核电的关系

风电、太阳能发电作为清洁低碳的可再生能源，在能源结构中的地位不断提升，但由于其波动性、间歇性的特征，存在电力品质较差、输出不稳定、调控困难等短板。比如冬天或阴雨天气，太阳能发电效率会大打折扣；风量小的时候，风力发电水平也会下降。这些短板导致风电、太阳能发电需要有基荷电源支撑以及调峰、储能等手段来匹配。

核电适于承担电网的基本负荷及负荷跟踪，为风电、太阳能发电等新能源消纳提供支撑，同时还可以提高电力系统的转动惯量水平和阻尼能力，提升电力系统运行的安全性和可靠性。

风能、太阳能与核能之间，不是相互替代关系，而是相互支持、协调发展的关系。

7. 世界核电发展历程

自从 1954 年苏联奥布宁斯克核电厂并网发电以来，世界核电发展历程大致可以分为四个阶段：实验示范、高速发展、减缓发展和复苏阶段。

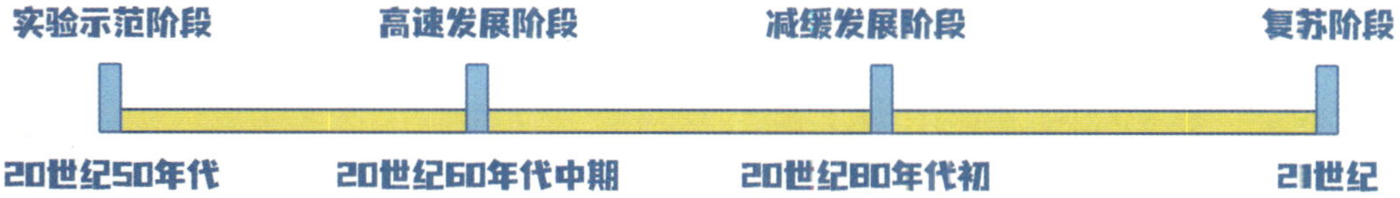

（1）实验示范阶段

核能发电的实验示范阶段是 20 世纪 50 年代至 60 年代中期。此时核能的利用从军用走向民用，以开发早期的实验堆和原型堆为主。这一阶段建设的核电厂类型众多，各类型反应堆多处于方案验证阶段。

（2）高速发展阶段

20 世纪 60 年代中期至 80 年代初，前后形成两次核电厂建设高潮，一次是美国轻水堆核电厂经济性得到验证之后，另一次是 1973 年世界能源危机之后，核电被很多国家作为保证能源安全的有效方案。这段时间全球共新建四百余台核电机组。

（3）减缓发展阶段

从 20 世纪 80 年代初至 21 世纪初是核电的减缓发展阶段。世界经济回落，西方各国经济发展速度锐减，同时采取大规模的节能措施，提高能源利用效率，电力需求大幅回落。大批电力项目被迫停建或缓建，首当其冲的就是造价高于常规电力的核电项目。同时，美国三哩岛核事故和苏联切尔诺贝利核事故打击了社会和公众对于核电厂安全的信心。为了摆脱两次严重事故的影响，各国开展了庞大的核电安全研究。因此在这一阶段，在核电装机规模减缓发展的表象下，更安全的核电标准和更先进的核电技术得到孕育，在很多领域取得了突破性进展。

（4）复苏阶段

21 世纪以来核电进入复苏阶段。世界经济新一轮增长，引发石油、天然气价格上涨，加上温室气体排放和环保压力增大，各国政府重新审视非化石能源在确保可持续发展和能源安全中的战略地位。同时运行机组管理和技术方面的优化改进，以及核电技术储备的日渐成熟和完善，为更安全更经济的核能利用提供技术保障，增强了政府和公众对核能利用的信心。很多国家开始采取更为积极的核电发展政策。

8. 世界核电发展现状

核能在全球范围内提供了近三分之一的清洁电力，核电发电量在全球发电量中的占比约 10%（2020 年）。

截至 2021 年年底，全球在运核电机组 437 台，总装机容量约 3.89 亿千瓦；在建核电机组 52 台，总装机容量约 5 508 万千瓦。美国、法国、中国、俄罗斯和日本在运反应堆规模居世界前 5 位。

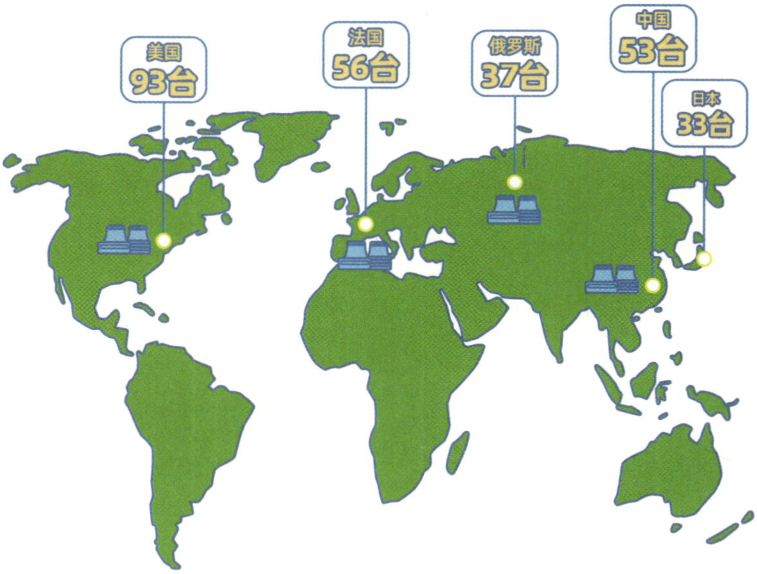

（数据来源于国际原子能机构）

9. 中国核电发展历程

我国核电发展始于 1970 年 2 月 8 日。截至目前，可以分为以下几个阶段。

（1）1970 年 2 月 8 日，周恩来总理批示：“二机部不能光是个爆炸部，还要发展核电。”当时的二机部（核工业部）在上海成立“728 院”，开始核电研究与开发。

（2）1985—1994 年为核电工程起步阶段，建成秦山核电厂（一期）及广东大亚湾核电厂，总装机约 230 万千瓦，实现了中国核电“零的突破”。

（3）1994—2005 年为适度发展阶段，根据国家适度发展核电的方针，我国又先后启动了 4 个国内项目及 1 个出口项目，共计 9 台机组（装机容量 716 万千瓦）的建设，为我国核电发展与国际化积累了宝贵经验、培养了大批人才。

（4）2006—2011 年，核电进入积极发展阶段，开始批量化建设，同时我国引进三代核电技术，启动“大型先进压水堆及高温气冷堆核电站”国家科技重大专项，推动核电事业加快发展。

（5）2011—2020 年为安全高效发展阶段，福岛核事故后，国家组织对核设施进行了全面安全检查，并稳步有序推进核电建设，我国自主研发的高温气冷堆、“华龙一号”、“国和一号”、快堆示范工程开工建设。

（6）2021 年至今，积极安全有序发展新阶段，在十四五规划及“双碳目标”指引下，核电进入积极安全有序发展的新阶段。

10. 我国核电发展现状

截至 2021 年年底，中国大陆共有商运核电机组 51 台，装机容量 5 327 万千瓦，分布在沿海的 8 个省份；在建核电机组 20 台，装机容量 2 142 万千瓦。(数据来源于中国核能行业协会)

11. 我国核电发展方针

党中央、国务院一直高度重视我国核电安全发展。党的十九大以来，我国进入高质量发展新阶段，能源发展将更加绿色低碳；尤其是习近平总书记提出“双碳目标”的总要求后，核电发展迎来难得的历史机遇。

2021 年 3 月 5 日，李克强总理在十三届全国人大四次会议上作《政府工作报告》部署扎实做好“碳达峰”“碳中和”各项工作，提出在确保安全的前提下积极有序发展核电。

2021 年 3 月，我国发布第十四个五年规划和 2035 年远景目标纲要，提出安全稳妥推动沿海核电建设，建设一批多能互补的清洁能源基地。

2021 年 9 月，《中共中央国务院关于完整准确全面贯彻新发展理念做好碳达峰碳中和工作的意见》印发，明确提出“积极安全有序发展核电”的部署要求。

2022 年，党的第二十次全国代表大会上的报告中，明确提出“积极安全有序发展核电”。

2

二、核能发电、核电厂的基础知识

12. 链式核裂变反应

世间万事万物都是由原子组成的。原子内部又分为原子核与核外电子，原子核由质子、中子组成。科学家发现，在元素周期表大原子量元素有部分同位素存在链式核裂变反应现象。一个外部中子撞击原子核引起原子核裂变，裂变的过程释放出能量，同时又产生了新的中子；新产生的中子引起新的原子核裂变，裂变反应连续不断地进行下去，同时不断产生新能量，这个过程就是链式核裂变反应。

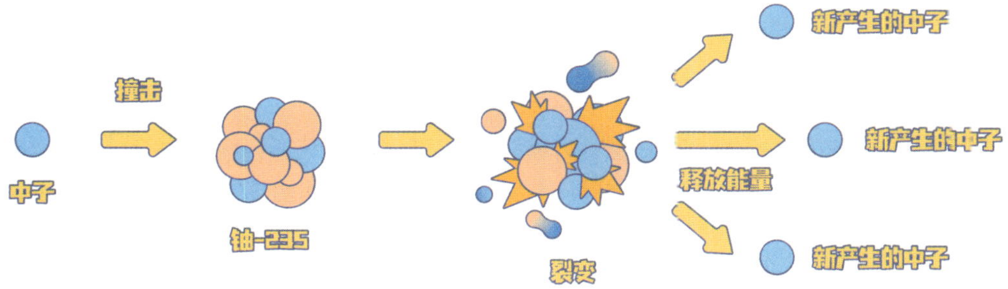

13. 核能发电原理

核能发电的基本原理是利用铀燃料进行链式核裂变反应，所产生的能量将水加热至高温高压，进而产生水蒸气推动汽轮机发电。这一过程中的能量转换形式可参见下图。

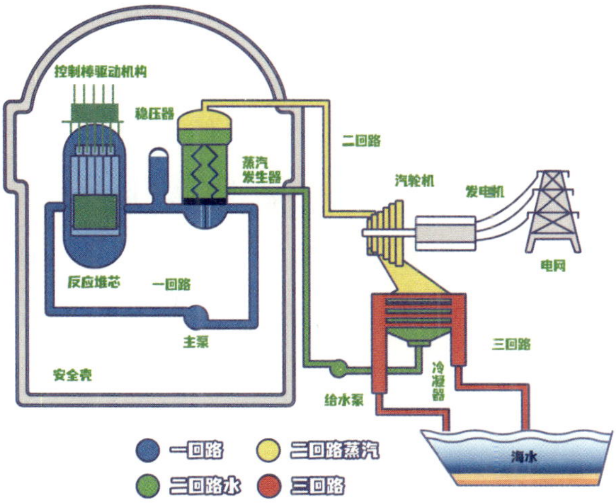

简而言之，核电与火电发电原理相似，只不过火电用烧煤来产生热量，核电则是运用链式核裂变反应来产生热量。

14. 核电厂采用什么燃料发电

核电厂的燃料是铀，其有效成分是其中的铀 –235，富集度为 5% 以内。核燃料被烧结成一个个圆柱状的二氧化铀（UO_2）陶瓷体芯块，叠装在用锆合金做成的包壳管中，做成一根根细长的燃料棒，再把这些燃料棒按一定规则组装成一个个核燃料组件，就可供压水堆核电厂使用。

15. 世界核电反应堆堆型

核电厂反应堆堆型有压水堆、沸水堆、高温气冷堆和快中子增殖堆等。其中，压水堆核电厂技术成熟、安全可靠，是世界核电厂主流堆型。在我国核电发展之初，我国政府就明确了以压水堆为主的核电技术发展路线。我国目前在运在建核电厂中，压水堆核电机组占 95% 以上（数据截至 2020 年年底）。

16. 我国核电反应堆堆型

中国目前核电的堆型有三大类，分别是压水堆（含重水堆）、高温气冷堆和钠冷快堆。根据反应堆功率和设计方案的不同，同一种压水堆堆型又可以有多重机型，如秦山核电厂一号机组是电功率为 30 万千瓦的 CNP300 压水堆机型，秦山二期核电厂 2 台机组为电功率 60 万千瓦的 CNP600 压水堆机型，大亚湾核电厂 2 台机组为电功率百万千瓦级的 M310 压水堆机型。经过多年发展，我国核电建设从采用二代压水堆核电技术开始，不断进行技术升级与更新迭代，目前已经实现了二代核电技术向三代核电技术的跨越和四代核电技术的储备。我国已建设的三代核电机组，包括“华龙一号”、“国和一号”、AP1000 和 EPR 等机型。

17. 核电厂址要求非常严格

选择适合建造核电厂的厂址，是核电工程的第一个环节，也是核电安全管理的起点。选择厂址时既要考虑到厂址地质、地理、气象等自然环境因素对电厂安全的影响，也要考虑电厂周围工业与居民环境对电厂安全的影响，同时还要考虑核电厂运行及可能的事故对环境和居民生产与生活的影响。

18. 核电厂如何抵御地震

我国《核电厂厂址选择安全规定》及相关细则严格规定，核电厂的选址附近范围不应存在能动断层，区域地壳相对稳定，不存在现代火山活动、诱发地震、断层错位地表、沙液化、湖涌等地质灾害。所以，在厂址筛选过程中已经把地震对核电厂的影响概率降到最低。另外，核电厂设计已经考虑能够抗 8 度地震烈度的措施。最后，针对由地震引发的严重事故，核电厂设计有专设安全系统及应急缓解设备和系统应对，确保堆芯安全，还专门制定了应急计划及措施来保证周围公众的安全。

19. 核电厂如何抵御台风

我国沿海核电厂址面临的最大自然灾害风险是超强台风。大亚湾、福清和阳江等核电基地都处在热带台风经常发生的地区。核电厂在选址时，将按照我国《核电厂厂址选择安全规定》及相关细则严格规定，分析厂址地区 300 ~ 400 公里范围内历史上曾经发生过的热带气旋（台风），推算出厂址海域可能发生的最大风暴及台风带来最大损害的演进路径。核电厂最终的设计基准风速可以覆盖核电厂所在区已发生的历史极端气象事件，能抵御超强台风并留有一定的安全裕度。此外，经过多年发展，我国各核电基地都有成熟的应对超强台风的经验，核电运行机组将根据超强台风的实际情况，做好预判，通过降功率甚至停堆来确保核安全万无一失。

20. 海啸对我国核电厂的影响

海啸通常由里氏 6.5 级以上深海地震引起，且海水深度达到 1 000 米量级才可能形成规模较大的海啸。我国沿海区域处于宽广大陆架上，水深较浅且大都在 200 米以内，不利于地震海啸的形成与传播。当海啸波从深海传播到我国近海区域时，受外海岛屿和宽广的大陆架浅海海床摩擦阻力影响，其能量已迅速衰减。我国沿海海岸记录到的历史最高海啸峰值仅为 0.51 米。因此我国沿海在运、在建核电厂厂址不会出现类似日本的强烈海啸。

21. 核电厂是否会遭受战争影响

根据《日内瓦公约》规定，禁止攻击含有危险力量的工程和装置（如核电厂），违反将被视为战争罪行。

22. 核电厂的防御能力如何

我国的核电厂在选址、设计和建造方面，不仅可以应对地震、台风和海啸等自然灾害，对于人为的外部打击也具有较高的“防御力”。典型的“华龙一号”等核电厂，最核心的反应堆厂房能抵御大型商用飞机的撞击。

23. 核电厂与原子弹的本质区别

虽然原子弹和核电厂反应堆都以铀为原料，但两者对纯度的要求完全不同。制造原子弹时，要求铀 −235 的纯度在 90% 以上，而核电厂反应堆的燃料一般只需要纯度在 5% 以下。正如烈性白酒可以点燃，啤酒却不能点燃的道理一样，核电厂所使用的燃料纯度远远低于爆炸所需纯度，因此不会发生核爆炸。同时，核电厂反应堆和原子弹在结构上有很大的不同：反应堆是实现可控链式裂变反应的装置，可以通过控制棒等手段人为调节反应速率，以使能量有序产生并用于发电；而原子弹则是实现不可控链式裂变反应的装置，需要极快速地反应、释放能量。

24. 核电厂三道安全屏障

为确保放射性物质不会泄露到环境中，核电厂在设计时考虑了三道实体屏障。

（1）燃料芯块和燃料包壳。核裂变产生的 98% 以上放射性物质滞留在二氧化铀（UO_2）陶瓷芯块中，不会释放出来。燃料芯块密封在锆合金包壳内，燃料包壳是完全密闭的。

（2）压力容器和一回路压力边界。由核燃料构成的堆芯封闭在钢质压力容器内，压力容器和整个一回路都是耐高压的，放射性物质不会泄漏到反应堆厂房中。

（3）安全壳，即反应堆厂房。它将反应堆、冷却剂系统的主要设备和主管道包容在内，保持厂房负压运行。当事故（如失水事故、地震）发生时，能阻止从一回路系统外逸的裂变产物泄漏到环境中。

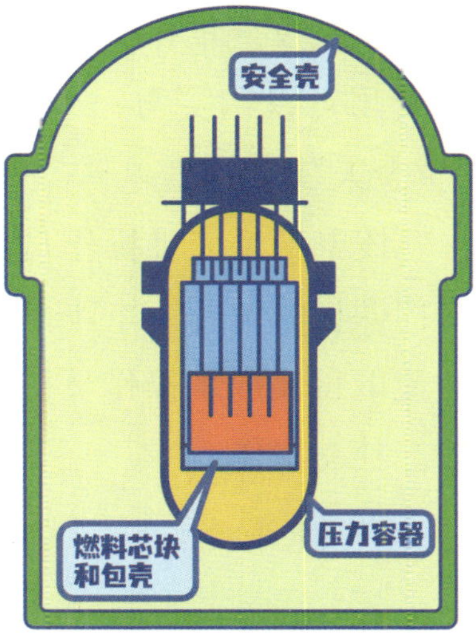

25. 核电厂纵深防御五道防线

核电厂的纵深防御有五道防线：

第一道防线：保证设计、制造、建造及运行的质量，防止偏离正常运行及防止安全重要物项出现故障。

第二道防线：严格按照运行规程运行机组，使机组运行在限定的安全区间内，及时检测和纠正偏离正常的运行状态，防止运行事件升级为事故工况。

第三道防线：若运行偏差未能及时纠正，自动启用电厂安全系统和保护系统，组织应急运行，将事故后果控制在设计基准范围内，使核电厂在事故后达到可靠的停堆状态。

第四道防线：事故未能得到有效控制，已经成为超过设计基准的严重事故，立即启动事故规程，实施事故管理策略，尽一切可能将机组转到安全状态，并保证放射性释放保持在尽实际可能的低水平。

第五道防线：以上各道防线都失效了，事故造成放射性物质外逸，启动场外应急体系，尽一切可能减轻由事故的潜在放射性物质释放对周围居民和环境的影响。

26. 核电厂反应堆操作员如何培训

培养核电厂反应堆操作员的成本与培养战斗机飞行员相当。我国核电厂首批反应堆操作员，因在国外接受昂贵的技术培训，每个人所花费的费用可以购买与一个人体重相当的黄金，因此也被人们形象地称为“黄金人”。

核电厂反应堆操作员经过初步选拔，要在 4 年左右的时间完成 100 多门课程的学习，并且通过国家主管部门组织的笔试、口试和实操考核，才能取得反应堆操作员执照。操作员还需在资深操作员的指导下实习后才能独立操作。

中国大陆首批核电操作员聚会秦山

27. 如何实现反应堆安全停堆

核电厂反应堆的启、停和功率的调节都由调整控制棒来实现。反应堆内的中子密度直接影响堆内链式裂变反应速率，而控制棒内的材料能强烈吸收中子，从而降低反应速率。控制棒被组装成组件的形式，反应堆不运行时，控制棒插在堆芯内。启堆时将控制棒提起，运行中调节控制棒的高度来调整反应堆的功率。一旦发生事故，全部控制棒会自动快速下落，使反应堆内的链式裂变反应停止，实现反应堆的安全停堆。

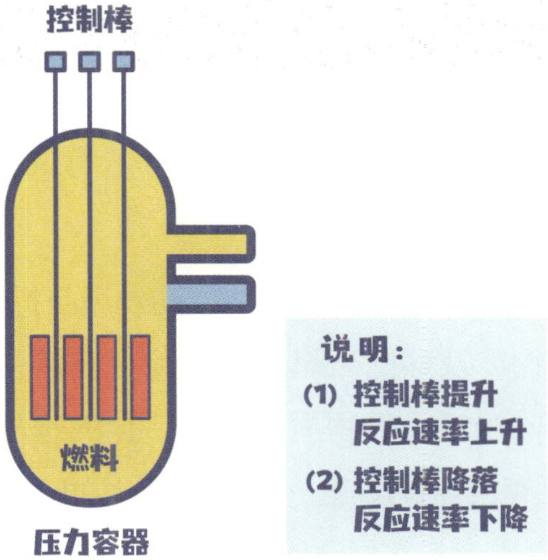

示意图

28. 核电厂机组运行寿命

我国的大多数核电厂的设计运行寿命为四十年，如果达到设计运行寿命，机组运行状态良好并经过安全技术评估，还可以对机组进行延寿。美国大多数机组获批从 40 年设计寿命延寿至 60 年，法国、俄罗斯、韩国和日本等国家也均对本国机组开展了延寿工作。

秦山核电 1 号机组是中国第一座自行设计、建造和运行管理的 30 万千瓦级压水堆核电机组，于 1991 年 12 月 15 日首次成功并网，初始设计寿命 30 年，原计划于 2021 年 12 月 15 日服役期满。2021 年，秦山核电 1 号机组运营单位提出申请，并由国家核安全局进行技术评审及相应的现场监督检查，决定将其延期运营至 2041 年。

秦山核电基地全景图

29. 核电厂的退役

退役指核电厂在商业运行结束后，经过去污与拆除，达到厂址不受限制利用的过程。退役涉及移除乏燃料，拆除含有活化产物的系统或部件，从核设施清除或拆除受污染的物质。所有活化的物质，通常从厂址移走，装运至废物处理、贮存或处置设施。受污染的物质可以在现场去污，被污染的部分可以切割和移除或者将它们移除后装运至废物处理、贮存或处置设施。

30. 核电厂核废物处理和处置

核电厂像其他工业一样，也要产生废物。我国对核电厂的放射性固体废物实行分类管理。根据放射性废物的特性及其对人体健康和环境的潜在危害程度，将核电厂的放射性废物分为高水平放射性废物、中水平放射性废物和低水平放射性废物。低、中水平放射性固体废物在符合国家规定的区域实行近地表或地下处置。高水平放射性固体废物实行集中的深地质处置。

中低放废物（如受到中度和轻微污染的物品，例如废过滤器、废树脂、蒸发残渣、手套和衣服等）经压缩、固化后导入混凝土罐中，暂存核电厂内，最后转移到处置场，经处理后，可与环境相容。

核电厂产生的高放射性废物主要来自电站运行产生的乏燃料，其将在核电厂设置的乏燃料水池中暂存冷却 10 ~ 20 年，之后送乏燃料后处理厂进行处理和回收。乏燃料组件约 97% 可循环再用，剩余的 3% 是高放射性废物，将保存在深入地下几百米处的特殊处置库内，处置库由国家统一进行规划建设。

31. 百万千瓦级的核电机组预期产生的中低放废物数量

核电厂运行产生的浓缩液、废树脂、废过滤器芯以及其他的固体废物，将通过核电厂设置的固体废物处理系统进行分类处理。我国新建核电厂按照废物最小化原则，采用最佳可行技术来处理各类废物，一个百万千瓦级的核电机组运行期间中、低放射性固体废物年产生量的预期值在 50 立方米以下。

32. 乏燃料的概念

核燃料在反应堆内完成规定程度的反应后，自反应堆内卸出且不再在堆内使用。这些完成“使命”的核燃料被称为“乏燃料”。

核燃料在反应堆内发生各种核反应（主要是裂变反应和中子俘获反应）后，除了剩有燃料中原有的元素外，还生成两大类产物，即裂变产物和锕系产物。因此，乏燃料本身会发出各种高能射线和中子，并由此发出一定的热量（衰变热）。

33. 我国乏燃料后端处理采取的方式

国际上对乏燃料后端处理（处理和处置）通常有两种策略：一种是将乏燃料暂时贮存后，经过整备后永久处置；另一种是对乏燃料进行后处理，回收其中的铀和钚，并制成 MOX 燃料提供给反应堆使用。各核电国家按照自身的条件选择处理策略。我国采取对乏燃料进行后处理，回收铀、钚并加以重复使用的“闭合循环”策略。

我国的乏燃料后处理可以实现资源的充分利用并减轻环境保护负担。目前，我国已经有核电厂乏燃料后处理的部署，相关的准备工作正在进行中。

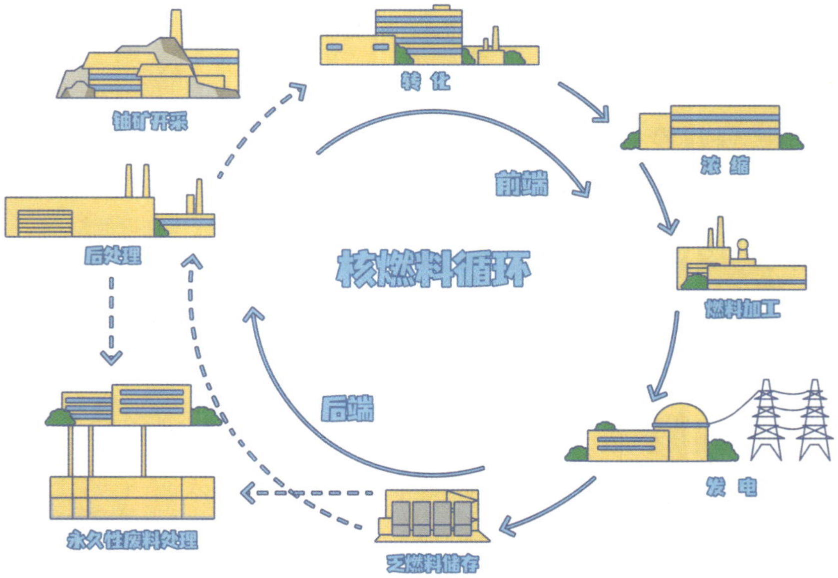

34. 核电厂核事故应急状态分为几级

应急状态是指需要立即采取某些超出正常工作程序的行动，以避免事故的发生或减轻事故后果的情况。

根据《核电厂核事故应急管理条例》及《国家核应急预案》，核电厂的核事故应急状态分为四级。

核电厂核事故应急状态级别

状态	说明
应急待命	出现可能导致危及核电厂核安全的某些特定情况或者外部事件，核电厂有关人员进入戒备状态
厂房应急	事故后果仅限于核电厂的局部区域，核电厂人员按照场内核事故应急计划的要求采取核事故应急响应行动，通知厂外有关核事故应急响应组织
场区应急	事故后果蔓延到整个场区，场区内的人员采取核事故应急响应行动，通知省级人民政府指定的部门，某些厂外核事故应急响应组织可能采取核事故应急响应行动
场外应急	事故后果超越场区边界，实施场内和场外核事故应急计划

35. 我国核事故应急组织体系

我国核事故应急组织体系由国家核应急组织、省核应急组织和核设施营运单位的核应急组织组成。

国家核应急协调委员会负责组织协调全国核事故应急准备和应急处置工作。必要时，成立国家核事故应急指挥部，统一领导、组织、协调全国的核事故应对工作。

省级人民政府根据有关规定和工作需要成立省（自治区、直辖市）核应急委员会，负责本行政区域核事故应急准备与应急处置工作，统一指挥本行政区域核事故场外应急响应行动。

核设施营运单位核应急指挥部负责组织场内核应急准备与应急处置工作，统一指挥本单位的核应急响应行动，配合和协助做好场外核应急准备与响应工作，及时提出进入场外应急状态和采取场外应急防护措施的建议。

36. 在辐射应急准备中碘化钾（碘片）起什么作用

辐射应急准备的目的是保护公众在核电厂事故后免受辐射危害。在辐射应急事件中，服用碘化钾（碘片）是一种有效的保护措施，可使碘在甲状腺里饱和，减少甲状腺对放射性碘 –131 的吸收，从而减轻辐射危害风险，这是一种合理的、谨慎的补充措施。碘片的服用有一定条件，一定要在医生指导下服用。

37. 核电厂的非居住区

核电厂的非居住区是指反应堆周围严禁有常住居民的区域，该区域边界离反应堆的距离不得小于 500 米。非居住区由核电厂营运单位行使有效的控制。核电厂周围设置非居住区的主要目的是保障核电厂的安全运行，在事故工况下做出合理有效的安排，以保证工作人员和有关公众的安全。

38. 核电厂的规划限制区

根据核电厂工程建设实践，在核电厂周围需设置与非居住区直接相邻的外围地带，该区域定义为核电厂的规划限制区。设置规划限制区的主要目的是：对于该范围内规划建设的大型设施进行论证，以确认所规划项目对核电厂安全不构成影响；为保证应急撤离的事故条件下实施应急计划的可行性，在规划限制区范围内限制人口的大规模增长。

规划限制区不是“不发展”，而是有序、适度地发展。根据我国法规要求，大型核电厂的规划限制区半径不得小于5公里。

39. 我国大陆第一座核电厂

秦山核电基地位于浙江省嘉兴市海盐县，处于华东电网的负荷中心地区，于1985年开工建设，1991年并网发电，共有9台运行机组，总装机容量666万千瓦，年发电量约520亿千瓦时，是目前我国核电机组数量最多、堆型最丰富的核电基地，被誉为“国之光荣”。

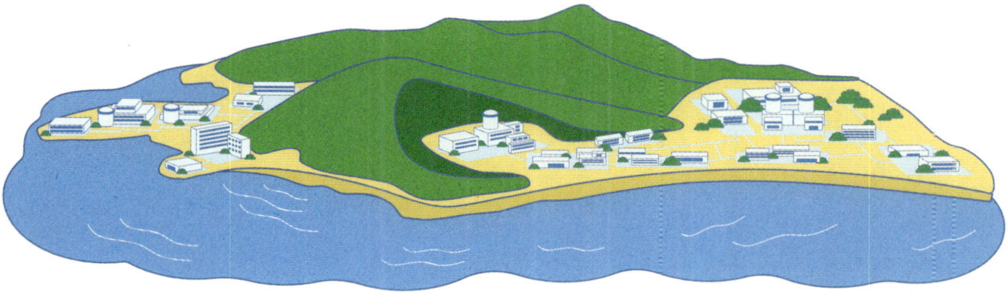

秦山核电厂30万千瓦级压水堆核电机组是我国自行设计、自行建造、自己运行管理的第一座原型压水堆核电厂。它的建成结束了中国大陆无核电的历史，实现了“零的突破”，标志着中国核工业的发展上了一个新台阶。 2021年9月3日，经国家核安全局批准，秦山核电厂1号机组运行许可证获准延续，有效期至2041年7月30日，成为中国大陆首座运行许可证获批延续的核电机组。

秦山第二核电厂共有4台65万千瓦级压水堆核电机组，分两批建设。其中1、2号机组是我国“自主设计、自主建造、自主管理、自主运营”的第一座国产化商用核电站，实现了自主建设原型堆向商用堆的重大跨越，被誉为“走出了一条我国核电自主发展的路子”。

秦山第三核电厂共有2台70万千瓦级重水堆核电机组，是我国“九五”重点工程，是中国和加拿大两国迄今最大的贸易项目，实现“核电工程管理与国际接轨”，被誉为“中加合作的典范”。

方家山核电工程共有2台100万千瓦级压水堆核电机组，是中国百万千瓦级核电机组自主化、国产化程度最高的核电厂之一，实现核电“从 30 万千瓦到 100 万千瓦”自主发展的历史跨越，进一步推动了设备国产化进程，为百万千瓦核电机组总承包和整机出口积累了经验。

截至 2022 年 4 月 30 日，秦山核电 9 台机组已安全运行 144 堆 · 年，累计发电超过 7 100 亿千瓦时，累计减排二氧化碳 6.7 亿吨，相当于植树造林 446 个西湖景区。秦山核电一直致力于安全、运行、大修、质量等方面的管理改进，9 台运行机组在世界核电运营者协会（WANO）的 400 多台机组中，各项指标始终处于较好水平，稳定处于第一梯队。

3

三、辐射的基础知识

40. 辐射无处不在

辐射指能量以电磁波或粒子方式传送向外放射。

所有物质都是由原子组成，原子由原子核和核外电子构成，绝大多数原子核由质子和中子构成。元素从不稳定的原子核自发地放出射线（如 α 射线、β 射线、γ 射线等），衰变形成稳定的元素而停止放射。在这个过程中，不稳定的原子核核外电子释放出大量的能量，这种自发的放射就是我们通常所说的辐射。

辐射根据其来源，可以分为天然辐射和人工辐射。

41. 什么是天然辐射

在地球环境中，包括人类在内的所有生物都始终受到天然辐射源的照射，这种照射被称为天然辐射。

天然辐射源从成分上划分，包含地壳总的原生放射性核素（如铀系、锕系、钍系）、来自外层空间的宇宙射线及宇生放射性核素等，这些天然辐射源对人类产生了辐射剂量。其中，宇宙射线、宇生放射性核素以及陆地上存在的辐射源对人类造成“外照射”，而空气中所存在的放射性氡气及其他核素，与食物中自然存在的钾 -40 等，也将对人类造成“内照射”。比如我们平时吃的香蕉等水果，动物肝脏等，都会对人体造成不同程度的内照射。

根据我国调查评估情况，天然辐射对我国居民平均年辐射剂量为 3.1 mSv[①]。

42. 什么是人工辐射

由于人为活动在工业生产、医疗等领域应用的放射源所引起的照射，被称为人工辐射。

人工辐射源主要包括医学诊断与治疗程序、大气层核试验、核能发

①潘自强．中国环境百科全书选编本：核与辐射安全 [M]. 北京：中国环境出版社，2015.

电、核与辐射技术利用排放源，以及人为活动引起的天然辐射增强源等。其中，不论是世界范围还是我国，对于公众而言，医学诊断检查程序都是最大的人工辐射源，占据人工辐射剂量中的绝大多数。

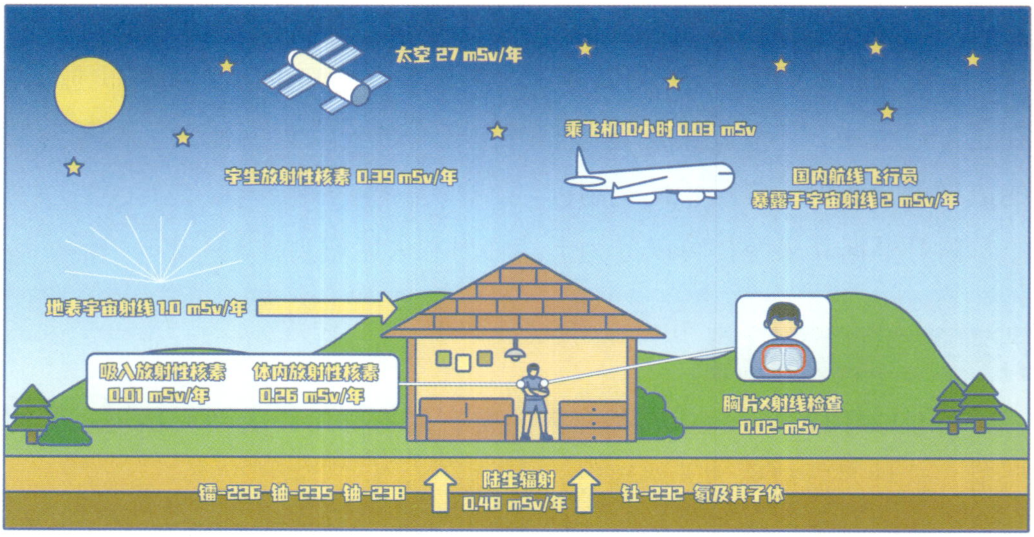

43. 辐射能穿透多远

辐射穿透的距离（即它们穿透其他物质的效力）取决于辐射的类型和受辐射物质的性质。α 射线和 β 射线穿透距离不远，它们很容易被阻挡。α 射线不能穿透纸张，β 射线不能穿透铝箔。γ 射线、X 射线和中子可以穿透的距离较远，且较难被阻挡。通常，γ 射线和 X 射线要用铅板或厚铁板等厚重材料阻挡，中子要用中子吸收体（例如，水、混凝土）阻挡。

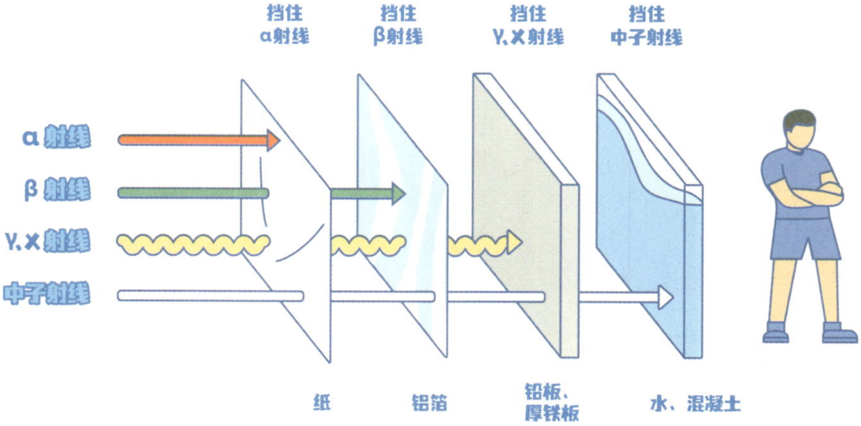

44. 一些典型辐射源及照射剂量

联合国原子辐射影响科学委员会（UNSCEAR）在 2013 年 2 月指出，世界范围内平均的天然本底辐射水平为 2.4 mSv/ 年，同时，也给出某些人为受到辐射源照射产生的剂量水平，这些数据列表如下。

某些人为受到的辐射照射典型剂量

辐射来源或方式	典型剂量 /mSv
10 小时飞机飞行	0.05
胸部 X 光	0.02
CT 扫描	10

45. 天然辐射是否需要防护

天然辐射可以用“天罗地网”来形容。有史以来，人类一直生活在天然辐射的包围之中。例如，当人们行走在田野间，会受到来自高空的宇宙射线的照射，会受到地表中放射性核素衰变产生的照射，这属于外照射；同时，人们还会受到来自食入或吸入体内的放射性核素的照射，这属于内照射。

生物在漫长的进化过程中已经完全适应天然辐射，人类同样不需要采取特殊的防护措施。

46. 辐射对人体的影响

过量的辐射会对人体健康造成影响。

根据一次受到照射剂量的不同，对人体影响也不同。一次受照 100 mSv 以下，对人体不会产生影响；一次受照 100 ~ 250 mSv，观测不到临床症状；一次受照 250 ~ 500 mSv，可能引起一定影响，但无严重伤害；一次受照 500 ~ 1 000 mSv，人体血液将受到影响，但尚无倦怠感；一次受照 1 000 ~ 2 000 mSv，人体发生损伤，可能引起轻度急性放射性病，易治愈；一次受照 2 000 ~ 4 000 mSv，人体发生明显损伤，能引起中度急性放射性病，能够治愈；一次受照 4 000 ~ 6 000 mSv，能引起重度急性放射性病，经治疗，50% 受照者可能在 30 天内死亡，其余 50% 能够恢复；一次受照 6 000 mSv 以上，将引起严重放射性病，致死率较高。

47. 辐射是否会有遗传效应

联合国原子辐射影响科学委员会（UNSCEAR）在 2013 年更新的辐射防护有关常见问题回答中指出，在人群中，至今尚未观测到辐射有遗传效应。美国核管理委员会在 2013 年对美国运行核电厂的总体环境影响意见书中也指出，至今尚未在人群中观测到辐射的遗传效应。

48. 如何避免有害的辐射

辐射防护主要考虑“时间”“距离”和“屏蔽”三个要素，即减少受到照射的时间，增加人与放射源之间的距离，利用放在人与放射源之间的屏蔽物来屏蔽射线。

49. 核电厂不会增加公众的癌症发病率

在美国公众或社会团体中，常有质疑核电厂会增加癌症风险的意见。美国国家癌症研究院等机构开展了核电厂周围公众健康研究，结果如下：

1990 年，美国癌症研究院研究了美国 52 个核电厂和 10 个核设施周围的癌症死亡率，得出的结论是，没有证据表明这些设施与附近公众群体中白血病或其他癌症的死亡率有关。美国癌症学会在 2001 年得出结论，核电厂附近的癌症患病率并不比其他地方的患癌率更高。

50. 核电厂工作人员是否会受辐射损伤

核电厂部分工作人员由于工作原因会接触放射性而受到照射。核电厂在设计和运行时均会严格按照国家法规要求确定工作人员的受照剂量限值，不会造成辐射损伤。为进一步降低人员的受照剂量，电厂在运行后将制定比国家标准更为严格的人员剂量控制值。工作人员进入辐射工作区的工作时间严格受限，必须严格按照要求佩戴能记录个人在工作区受到辐射剂量的仪表和个人剂量计。当人员受照剂量超过电站规定的限值时，会提醒人员停止操作和退出辐射控制区。

51. 我国公众辐射剂量年限值的规定

按 6 个国际组织（国际原子能机构、联合国粮农组织、国际劳工组织、经济合作与发展组织核能机构、世界卫生组织和泛美卫生组织）的推荐值，规定公众个人的剂量限值为 1 mSv/ 年。我国国家标准中已经规定了公众个人剂量限值为 1 mSv/ 年，在该限值下的终生照射产生的健康危险非常小，大致等于来自天然辐射源（不含氡）的本底辐射水平。

52. 我国核电厂的剂量约束值的规定

国家标准《核动力厂环境辐射防护规定》(GB 6249—2011）中明确规定了核电厂的剂量约束上限值，即任何核电厂址的所有反应堆向环境释放的放射性物质对公众中任何个人造成的有效剂量必须小于 0.25 mSv/ 年。这个剂量约束上限值只占公众个人剂量限值的四分之一，与世界平均本底辐射水平 2.4 mSv/ 年以及我国 3.1 mSv/ 年的平均本底辐射水平相比，要求严格得多。

53. 核电厂对公众的影响微乎其微

辐射无处不在，我们吃的食物、住的房屋、天空大地、山月草木，乃至人的身体都存在着放射性。我国某些高本底地区天然辐射剂量约 3.7 mSv/ 年；砖房 0.75 mSv/ 年；宇宙射线 0.45 mSv/ 年；水、粮食、蔬菜和空气 0.25 mSv/ 年；土壤 0.15 mSv/ 年；北京－欧洲飞机往返一次 0.04 mSv(0.005 mSv/h)；胸部透视一次 0.02 mSv。

国家标准要求每座核电厂向环境释放的放射性物质对公众造成的有效剂量应小于 0.25 mSv/ 年，每年核电厂实际运行对周围居民造成的剂量约为 0.01 mSv，远低于国家规定量限值，低于一次胸透的剂量。

核电厂对公众的辐射影响微乎其微。

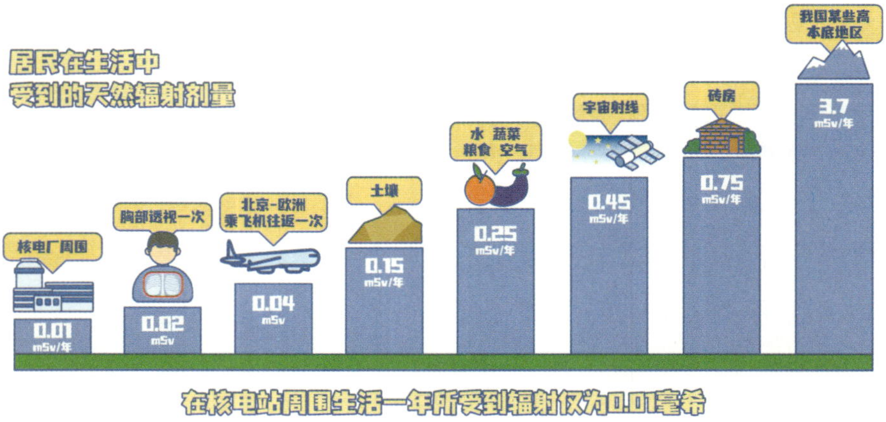

4

四、我国核安全监督管理与核安全现状

54. 我国核安全总体状况

我国是和平利用核能的国家，也是拥有核武器的国家。无论对于国家安全，还是经济与能源安全，核安全都不可或缺。我国始终把保障核安全作为重要的国家责任，融入核能开发利用全过程，始终以安全为前提发展核事业，按照最严格标准实施监督管理，始终积极适应核事业发展的新要求，不断推动核安全与时俱进、创新发展，保持了良好的安全记录，走出一条中国特色核安全之路。

截至 2021 年年底，大陆 53 台运行核电机组、18 座在役民用研究堆（临界装置）、19 座民用核燃料循环设施、3 座低放固体废物处置场保持良好安全记录。18 台在建核电机组、1 座在建研究堆建造质量总体受控。2021 年，我国大陆运行核电厂、研究堆、核燃料循环设施、放射性废物贮存和处理处置设施以及放射性物品运输活动均未发生国际核事件分级表（INES）2 级及以上安全事件或事故，核设施的运行事件和建造事件得到妥善处理。（数据来自国家核安全局）

55. 我国的核安全法律法规

我国持续强化核安全法规标准建设，形成了法律、行政法规、部门规章相衔接，法规要求和技术标准相补充，中央和地方相结合，较为完整的法规标准体系，实现了核能开发利用安全监管全覆盖，为依法治核夯实了基础。2003 年 6 月，《中华人民共和国放射性污染防治法》颁布；2017 年 9 月，《中华人民共和国核安全法》颁布。截至 2022 年 6 月，国家共颁布《民用核设施安全监督管理条例》《民用核安全设备监督管理条例》《核材料管制条例》《核电厂核事故应急管理条例》等行政法规 10 部，发布部门规章 40 余项和安全导则 100 余项，制定核安全相关国家标准和行业标准 1 000 余项，31 个省、自治区、直辖市制定地方性法规文件 200 余个。随着技术发展和公众对安全与环境越来越关心，核安全标准也在发展，我国在发展核电过程中不断总结国内、国外核安全实践经验，密切跟踪国际原子能机构和核电发达国家最新安全要求，及时更新法规标准，始终保持国际先进水平。

日本福岛核事故以后，国际核能界重新审查和更新了现有的核安全法规，其中《核电厂设计安全规定》是最受关注的一项安全标准，我国是第一个采用最新修订版本的国家。

56. 我国的核安全观

2014 年 3 月 24 日，在荷兰海牙第三届核安全峰会上，习近平主席提出理性、协调、并进的核安全观。

中国核安全观的核心内涵是“四个并重”。全面系统推进核安全进程，是中国核安全观的核心要义，体现为发展和安全并重、权利和义务并重、自主和协作并重、治标和治本并重。

57. 我国的核安全基本原则

《核安全法》明确提出，从事核事业必须遵循确保安全的方针。核安全工作必须坚持安全第一、预防为主、责任明确、严格管理、纵深防御、独立监管、全面保障的原则。

中国在确保安全基础上开展核能和平利用，既满足当代人的需要，又不对子孙后代遗留隐患、构成危害，以保障人类文明永续发展。

58. 如何保证核安全监管的有效性

核安全监管的有效性取决于机构设置、法律法规、人员队伍和监督模式几个方面。

在机构设置方面，保持核安全监管机构的独立性。监管机构及其技术审评人员和企业没有隶属关系，为客观公正实施监管提供了必要条件。

在法律法规方面，我国已经根据国际公认的安全标准建立了一套完整的安全法规标准体系。该法规标准体系经过近 40 年的实践，证明是符合国情和满足安全要求的。

在人员队伍方面，我国已经形成专业齐全、高素质的核安全监管队伍。建立了总部机关、地区监督站、技术支持单位“三位一体”的核安全监管组织体系。国家核安全局统筹全国民用核安全监督管理，设置华北、华东、华南、西南、西北和东北六个地区监督站，作为国家核安全局派出机构，辅助区域内核安全监督检查；设立核与辐射安全中心、辐射环境监测技术中心等专业技术机构，为国家核安全局提供全方位技术支持。同时，各级地方政府结合实际设立监管机构或配备专、兼职监管人员，开展本地区辐射安全监管。

在监督模式方面，我国对核设施、核材料、核活动以及放射性物质实施许可证制度，没有获得相关的许可，不允许从事可能危害环境或人员的核活动。过程管理是核安全监管的主要手段，核安全监管实施全链条、全寿期、分阶段审评许可，不但注重结果，更注重过程的符合性。

59. 国家对核电厂如何开展核安全监管

我国成立了国家核安全局负责全国民用核设施的监督管理。核电厂在选址、设计、制造、建造、安装、调试、运行以及退役等各环节都需向国家核安全局提出申请，经过详细的技术审查以判断是否满足安全标准，在获得国家核安全局颁发的许可后方可进行相关的活动。对于核电厂这种大型核设施，国家核安全局还派驻场监督员，实施 24 小时不间断监督。

60. 我国核安全许可证制度

国家核安全局对核电厂选址、建造、运行和退役等全寿期实施核安全许可证制度，每一个环节必须通过安全审评和批准。

61. 国家核安全局现场监督员职责

现场 7×24 监督模式是核安全监管最直接和有效的手段，也是有别于其他领域监督的地方。监督员可以在现场掌握第一手资料，第一时间发现问题和报告问题，使得核安全监管体系更加行之有效。

一般来说，每个核电厂有两个驻场监督员，他们都是有一定经验的技术人员，每天跟踪核电厂核与辐射安全相关活动，审查是否按照已批准的质量保证大纲进行管理，安全资料是否符合实际，是否按照已批准的设计方案进行建造，核设施的建造和运行是否符合有关核安全法规和《核设施建造许可证》《核设施运行许可证》所规定的条件，并考察营运人员是否具备安全运行及执行应急计划的能力等。

62. 我国优良核安全业绩

自秦山核电厂 1 号机组投运以来，全国在运核电厂一直保持优异的安全纪录，从未发生 2 级和 2 级以上的核事件。核电厂放射性流出物排放指标远低于国家标准限值，环境空气吸收剂量率控制在当地本底辐射水平涨落范围之内。

与世界核电运营者协会（WANO）规定的性能指标对照，2021 年我国具备统计 WANO 综合指数的 48 台核电机组中，34 台机组综合指数为 100（满分），占比 70.8%，占世界满分机组（77 台）的 44.2%。

福岛核事故后，我国对已运行的核设施进行了全面的检查和评估，并根据福岛经验对新的法规标准进行完善。经过改进的核电厂或新建核电厂的安全水平得到提高，应对严重事故能力得到提升。

63. 公众获得核与辐射安全相关信息途径和办法

政府部门、企业根据各自职责及时公开与公众安全和环境安全有关的信息。信息公开分为两种，一种是主动公开，通过网站、出版物等定期或不定期公开；另一种是申请公开，对于某些特定信息，公众可以向信息产生主体提出申请。

公众可以从下述机构获得核与辐射安全相关信息：中华人民共和国国家原子能机构、中华人民共和国生态环境部（国家核安全局）、地方环保机构、中国核能行业协会、国际原子能机构、世界卫生组织及相关涉核企业。

5

五、世界三大核事故及其教训

64. 国际核事件分级表（INES）

为了用统一的术语向公众快速通报核事件严重程度，国际原子能机构（IAEA）和经济合作与发展组织核能机构（OECD/NEA）于1989年共同制定了国际核事件分级表（INES），并由IAEA于2008年进行了调整。该表把核事件分为7级。

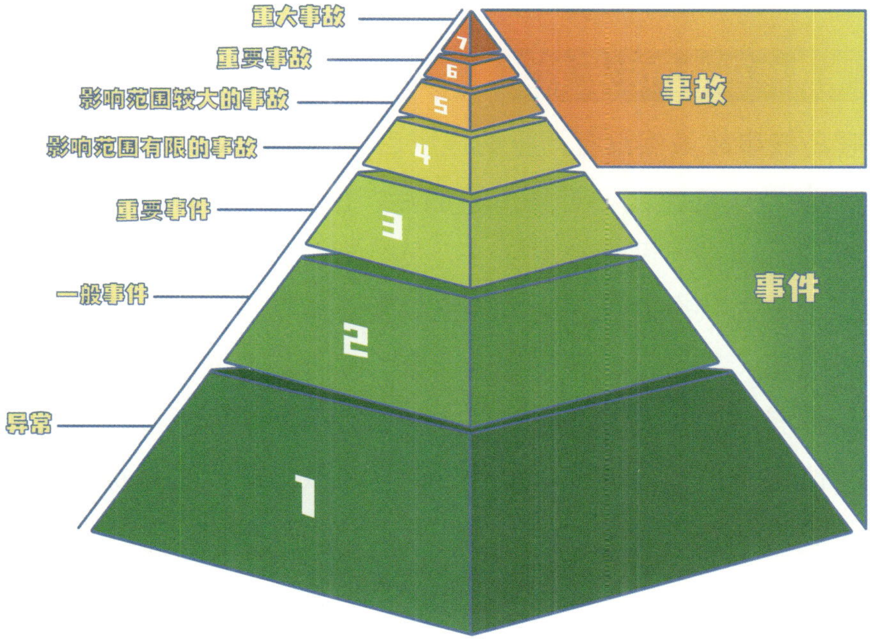

7级核事件中，较低级别称为“事件”，分别为异常（1级）、一般事件（2级）、重要事件（3级）；较高级别称为“事故”，分别为影响范围有限的事故（4级）、影响范围较大的事故（5级）、重要事故（6级）和重大事故（7级）。

苏联切尔诺贝利核电站事故、日本福岛核电站事故均属于7级重大事故，美国三哩岛核电站事故则属于5级影响范围较大的事故。

65. 三哩岛核事故

1979年3月28日，位于美国宾夕法尼亚州的三哩岛核电厂2号机组（PWR）发生严重的失水事故，堆芯部分燃料元件损坏甚至熔化。发生事故的直接原因是蒸汽发生器因给水系统发生故障而烧干，一回路冷却剂温度和压力增加，顶开了稳压器上的安全阀并且被卡在了开启的位置，由于操作员判断错误，关闭了反应堆安全系统，造成一回路冷却剂的不断流失，最终导致堆芯过热，并使得堆芯48%的燃料元件发生熔毁，一些挥发性的放射性物质从反应堆释放到安全壳。但在其安全壳的良好密封性和屏蔽作用下，只有少量的放射性物质向环境释放。

66. 三哩岛核事故的主要教训

三哩岛核事故虽然没有严重的健康后果，但造成了极大的社会恐慌，影响了全世界核电建设的进程。事故后，国际核能界作了认真的反思，得出主要的教训在于设计有缺陷、人员培训及技能不足。例如，系统缺乏准确显示堆内状态的仪表，主控室报警灯过于复杂，无法指引操作员判别首发故障。其后，世界各核电国家为提升核电安全水平，均实施了《三哩岛行动计划》，尤其关注如何减少人因失误，所采取的主要技术措施包括：改进主控室人机接口，开发新型事故处理规程，加强操作员培训，加强经验反馈工作等。

67. 切尔诺贝利核事故

苏联切尔诺贝利核电厂有4台运行核电机组，发生事故的4号机组是石墨慢化轻水冷却反应堆，这种反应堆没有安全壳。

事故发生在1986年4月26日，切尔诺贝利核电厂4号反应堆正在进行低功率下的汽机惰转试验。试验中，操作员违反操作规程，忽视了石墨水冷堆在低功率长时间运行会发生石墨砌体潜能释放以及在低功率下具有正的温度反应性系数的特点，造成反应堆功率失控骤增（链式裂变反应失去控制），核燃料过热损毁，继而导致连续的蒸汽爆炸，反应堆厂房严重损毁。

由于切尔诺贝利核电厂没有能包容放射性物质的安全壳，反应堆过热爆炸起火后核燃料元件被炸出堆外，含有巨量放射性物质的蒸汽和浓烟进入大气和环境。

事故发生6分钟后，消防人员赶到现场，但强烈的热辐射使人难以靠近，只能靠直升机从空中向下投放含铅和硼的砂袋，以封住反应堆，阻止放射性物质外泄。直至事故发生10个昼夜后，放射性物质超量释放停止。切尔诺贝利事故不但给周边公众生命健康、财产和环境带来巨大损害，引发了严重的社会动荡，由于释放出来的放射性物质随大气扩散，也给周边国家和地区造成大范围的污染。

为了降低放射性释放可能而建造的“石棺”

68. 切尔诺贝利核事故的主要教训

切尔诺贝利核事故对于国际社会的影响是严重的。国际原子能机构在认真研究有关方面的报告后，认为切尔诺贝利核事故暴露出苏联在关乎核安全的设计、管理、文化方面存在严重问题，包括国家层面核安全监管机构不落实，设计缺少安全标准，运行人员培训不足，工作大纲质量差，从上到下普遍缺少安全文化意识等。

切尔诺贝利核事故后，国际核能界界定了纵深防御概念，并认识到这是防止核电厂事故及缓解事故后果的基本的和综合的核安全原则，同时，认识到要将培育和发展核安全文化作为提升核安全水平的重要任务，并贯彻于选址、设计、建设、运行和维修等各项活动中。

切尔诺贝利核事故后，1986 年 9 月国际原子能机构召开特别会议，多国共同发起并签署了《及早通报核事故公约》和《核事故或辐射紧急情况援助公约》，以加强核事故情况下的国际合作。国际核能界在 1989 年成立了世界核电运营者协会（WANO），致力于通过国际交流与经验反馈提高各国的核安全水平。

69. 我国不会发生像切尔诺贝利核事故的灾难性事件

我国压水堆核电厂不可能发生像切尔诺贝利核事故那样的灾难性事故。主要是由于：

首先，切尔诺贝利核电厂采用石墨慢化轻水冷却反应堆，其设计缺陷较多，尤其是反应堆在低功率时具有正的温度反应性系数，这是导致低功率试验条件下链式裂变反应失控的重要原因。我国采用的压水堆具有负的温度反应性系数，这种设计是固有安全的，在物理原理上不可能发生功率陡增事件。

第二，切尔诺贝利核电厂的反应堆没有安全壳，这使得在严重事故工况下，缺乏放射性物质包容功能。我国核电厂的压水堆外面有坚实的安全壳，即使反应堆出事故，安全壳也能把放射性物质包容起来，不向外释放。

第三，切尔诺贝利核事故后，国际核能界进行了深刻的反思，提出并实行了一系列提升核安全文化的措施。我国在核安全监管与核安全文化建设方面，都深入吸取了切尔诺贝利核事故教训，并从管理和工作上认真落实，避免重蹈覆辙。

70. 福岛核事故

2011 年 3 月 11 日，日本东北太平洋发生了 9.0 级大地震。福岛第一核电厂有 6 台沸水堆核电机组，地震发生时 1、2 和 3 号机组正在运行，4、5 和

6 号机组正处在停堆换料检修状态。地震引起的大海啸在福岛第一核电厂厂址的海啸波爬高达到 14 ~ 15 米，越过了福岛第一核电厂的防波堤，淹没了这些机组的反应堆厂房、汽机厂房和整个厂区。地震和海啸不仅造成了厂外电丧失，而且淹没了应急柴油发电机和相关系统，导致 1、2 和 3 号机组发生堆芯熔毁，1、3 和 4 号机组发生氢气爆炸，引起的经济损失和社会影响是巨大的。

71. 福岛县居民健康管理调查结果

在日本政府向国际原子能机构提交的两份福岛核事故报告以及国际原子能机构对日本福岛核事故的调查报告中，均提到至今尚无报告有任何人员由辐射引起健康效应。

对于普通居民，日本政府实施了“福岛县居民健康管理调查”，涉及约 200 万人，包括对 18 岁以下的所有居民进行甲状腺检查。在这些检查中，发现 122 位居民可能受到了一定的内照射，进而采用全身计数器检测，得出他们受到铯 −134 和铯 −137 的内照射均小于 1 mSv。

72. 我国不会发生福岛核事故的类似事件

自然条件方面：日本是国土面积有限的岛国，完全处于太平洋地震带之中（处于亚欧板块与太平洋板块交接地带），地震频发且强度较大，发生海啸的概率也高。我国沿海区域处于宽广的大陆架上，水深较浅且大都在 200 米以内，不利于地震海啸的形成与传播。当海啸波从深海传播到我国近海区域时，受外海岛屿和宽广的大陆架浅海海床摩擦阻力影响，其能量已迅速衰减，因此我国核电厂受到严重海啸威胁的可能性很小。我国沿海海岸记录到的历史上最高的海啸峰值仅为 0.51 米，不会发生“大地震 + 大海啸”的极端自然灾害。

反应堆技术方面：日本福岛核电厂采用沸水堆堆型，我国核电起步相对日本较晚，绝大部分采用的是安全、成熟的压水堆堆型。压水堆核电机组占全世界机组总数 62% 以上，积累了最为丰富的运行经验，其安全性在近几十年中得到了持续的改进。相对于沸水堆，压水堆的电源保障可靠性更高，安全壳及消氢系统更先进、安全性更好。

73. 福岛核事故后我国针对核安全采取的重要举措

福岛核事故后，2011 年 3 月 16 日，国务院常务会议要求对在运核设施进行全面安全检查并提出“确保绝对安全”；全面审查在建核电厂，提出要用“最先进的标准”进行安全评估，不符合安全标准的立即停止建设。

2012 年 6 月 2 日，国家核安全局发布《福岛核事故后核电站改进行动通用技术要求（试行）》，对现有压水堆核电站进行了多项核心技术改进，增加非能动技术安全保障，确保核安全。

2012 年 10 月 16 日，国家环保部公布国务院批复的《核安全与放射性污染防治“十二五”规划及 2020 年远景目标》，提出“十三五”及以后新建核电机组力争实现从设计上实际消除大量放射性物质释放的可能性。

通过上述举措和要求，采取所有合理可行的技术和管理手段，能够确保核电厂各种防御措施的有效性和多道屏障的完整性，防止核事故的发生，保护公众和环境。

6

六、核电项目建设与周边经济发展

74. 核电项目与周边和谐发展

在高质量发展的新阶段，我国核电建设企业将秉承与地方融合发展的理念，从基础配套设施建设、产业发展带动、转产转业及就业支持、城镇建设开发等方面与地方需求努力结合，实现地方与企业共同发展。

秦山核电厂是全国起步比较早、目前规模比较大的核电基地，海盐县在支持和服务核电发展的同时，将秦山核电厂当作是当地最大的经济体，实践和探索“核电项目与周边和谐发展”的途径和方法。地方政府和当地公众与秦山核电亲如一家，用“核”心，借“核”力，主动接轨核电，用足用好秦山核电的巨大影响力——“经济上的驱动力，城建上的带动力，名声上的拉动力，人文上的互动力，产业上的联动力，社会事业上的推动力”，达到了“建设一个项目、带动一方经济、造福一方百姓”的良好效果。

75. 核电企业的社会责任担当

核电企业都是由大型国有企业控股运营，在核电项目立项、建设和运行全过程中，安全始终置于首要位置，同时高度重视并严谨分析项目所产生的环境影响与社会稳定影响，切实维护公众对项目的知情权、参与权和监督权。核电企业及时建立社会责任管理体系，不断提升社会责任履行能力，并每年编写发布企业社会责任报告，展现了国企社会责任担当。

我国核电起步发展四十多年来，建成10多个核电基地，积累了核电厂建设、运营的成功经验。同时，核电（项目）企业社会责任担当意识得到同步增强，深切认识、充分感受到与地方经济、文化共同发展的必要性，在核电项目建设过程中，同步开展了项目周边基础设施建设、电厂周边居民解决就业和社会公益贫困救助及慈善志愿者等活动。

76. 部分核电厂与周边重点城市距离

核电厂地处电力负荷中心，因此往往临近重点城市。

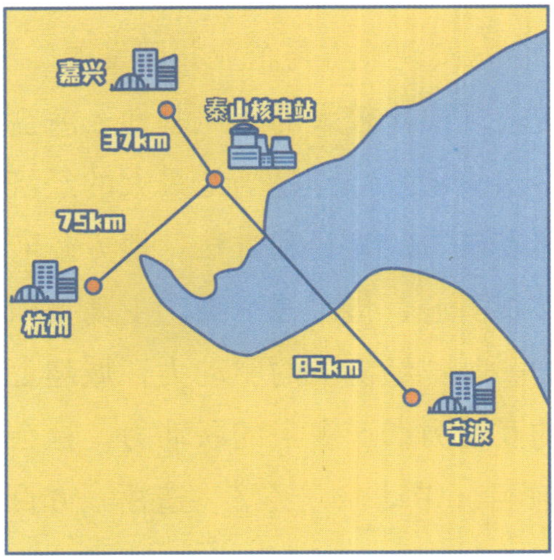

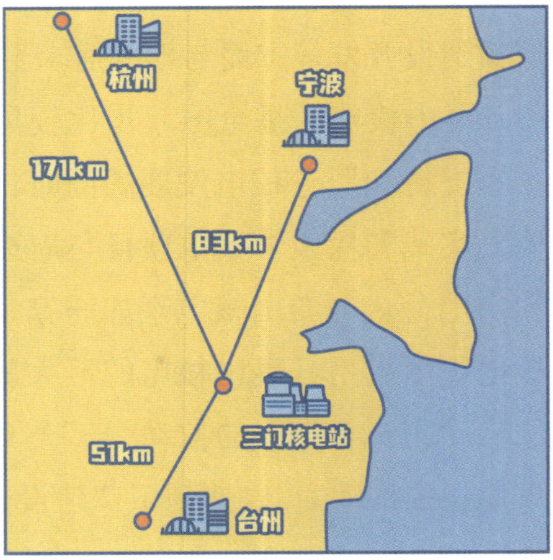

77. 核电厂用海区域

核电厂在运行过程中，需要源源不断地通过大量冷水来带走多余的热量，海边的核电厂则可以利用取之不尽的海水来解决这一问题。但带走核电厂多余热量的海水，较自然状态下的海水相比温度稍微高一点，如采取海水直流冷却机组方式，将造成厂址周边海域区域产生一定的温升，对地方生态及经济生产活动造成有限的影响。

因此，国家相关法律法规及核安全技术标准、国家核安全局监管方面均提出了用海区域标准和要求。项目实施前，必须通过科学技术专题论证、多方案技术比选，采用最优冷却方式，将核电对周边海域产生的温升影响降到最低，并结合地方政策妥善解决温排水可能对周边海域养殖的影响。同时，核电厂将在国家自然资源部的批准下划立用海区域，用于包容可能存在的海水温升区域，保证此区域以外的海水质量、养殖及生态不受影响。

78. 核电厂与周边旅游业

核电厂不仅对旅游业没有影响，还能促进环境改善和旅游业发展。如大亚湾核电基地已经成为深圳市比较著名的工业旅游项目。深圳市已将大亚湾核电所在的大鹏半岛定位为生态旅游岛，以打造与核电工业旅游互补的滨海度假、游艇俱乐部和主题公园等多种旅游形式，促进深圳东部旅游加快发展。

79. 核电厂与周边种植业

核电厂运行时不排放有害物质，对周边环境的气候、阳光没有任何影响，不会影响种植业。以宁德核电厂为例，厂区内茶园离核反应堆的直线距离不超过 1 公里，交由地方百姓经营，产出的茶叶作为宁德核电自己员工平日饮用和接待用茶。

80. 核电基地与周边环境

核电是高效、清洁、安全的电源。在为人类生产生活提供源源不断的动力的同时，核电厂有效地 保护了周边自然生态环境。我国的核电厂周围，不仅仅是碧海蓝天、绿草茵茵，生物多样性也进一步得以提升，鱼类、鸟儿等动物也青睐于栖息在这里。

秦山核电周边栖息的白鹭

江苏核电的鸟语花香

漳州核电，碧海蓝天

7

七、“华龙一号”的几个重要概念

81.“华龙一号”的研发背景

“华龙一号”（HPR1000）核电技术是中国核工业集团有限公司和中国广核集团有限公司在我国核电30余年的设计、建造和运行经验基础上，吸取福岛核事故经验反馈以及满足我国和全球最新安全要求，研发的先进百万千瓦级压水堆核电技术，其安全指标和技术性能达到了国际三代核电技术的先进水平，具有完整自主知识产权。

“华龙一号”的研发历程，是我国核电行业在消化吸收法国M310技术的基础上，从自主研发二代改进型百万千瓦压水堆机组、到具有第三代特征的百万千瓦机组设计攻关，再到日本福岛核事故后实施重大技术改进、最后融合而成统一技术方案的漫长过程。“华龙一号”是我国几代科研人员坚持自主创新和持续改进，辅以消化吸收国际先进技术而形成的我国核电领域重要科技成果。“华龙一号”技术方案采用国际最高安全标准，具有完善的严重事故预防和缓解措施，成熟性、安全性和经济性可满足三代核电技术的要求。

82.“华龙一号”的战略意义

“华龙一号”的研发与建设，标志着我国已经掌握具有完整自主知识产权的三代核电技术，我国核电技术进入世界前列。

“华龙一号”的研发，以技术升级和技术创新为手段，从基础性研究到反应堆设计和燃料研制、安全系统设计，再到重要核电装备的研制，都有效落实了创新驱动的发展战略，带动了产业链和装备制造业升级，助力我国企业掌握关键新技术，进一步增强竞争力。

作为具有国际竞争力的自主三代核电品牌，“华龙一号”有力支撑我国核电“走出去”战略，推动“一带一路”倡议落实，对推动我国的国际交流与合作、增进相互信任与长期友好，都将发挥重要作用。

83.“华龙一号”在海内外建成投产的优秀案例

2020 年 11 月 27 日 0 点 41 分，“华龙一号”全球首堆——中核集团福清核电 5 号机组首次并网成功，并于 2021 年 1 月 30 日投入商运。

2021 年 5 月 20 日，“华龙一号”海外首堆——巴基斯坦卡拉奇核电 2 号机组完成 100 小时连续稳定运行验收，各项性能指标达标，经过 69 个月建设，各项工作圆满完成，正式进入商业运行。

2022 年 1 月 1 日，福清核电 6 号机组首次并网成功；2022 年 3 月 4 日，巴基斯坦卡拉奇核电 3 号机组首次并网成功。至此，“华龙一号”海内、外示范工程四台机组全部并网发电，进一步增强了国际社会特别是“一带一路”倡议沿线国家对“华龙一号”的信心，这对我国积极推动核电走出去、实现由核电大国向核电强国的跨越具有重要意义。

84.“华龙一号”核电技术有哪些特点

“华龙一号”充分借鉴融合了国际上三代核电技术的先进设计理念和我国现有压水堆核电厂设计、建造、调试和运行的经验，以及近年来核电发展及研究领域的成果和福岛事故经验反馈；满足我国最新的核安全法规要求；满足国际原子能机构最新的核安全标准；满足国际先进轻水堆核电厂用户需求文件的总体技术和指标要求。

“华龙一号”的设计全面贯彻了核安全纵深防御设计原则、设计可靠性原则和多样化原则，创新性地采用“能动与非能动相结合的安全设计理念”，以能够有效应对动力源丧失事故的非能动安全系统作为经过工程验证、高效、成熟、可靠的能动安全系统的补充，提供了多样化的手段，满足安全要求。

“华龙一号”采用经过验证的技术，并充分利用我国目前成熟的装备制造业体系，具有技术成熟性和完全自主的知识产权，满足全面参与国内和国际核电市场的竞争要求。

85.“华龙一号”为何被称为“国家名片”

我国通过“华龙一号”的研发和建设，形成了一套完整的“华龙一号”标准体系，不仅有力提升中国核电技术在国际上的话语权，也将支撑“华龙一号”不断加快批量化建设和“走出去”的步伐。

在国内，“华龙一号”已经成为现阶段核电新项目建设的“主力机型”；在国外，“华龙一号”也成为具有国际竞争力的出口项目。因此，“华龙一号”被称为我国的“国家名片”。

86.“华龙一号”核电厂能抵御多大的地震

我国有关法规规定：核电厂设计输入的地面水平加速度峰值不得小于0.15 g（其中g为重力加速度，约合9.8 m/s^2）。“华龙一号”核电厂设计选择的地面水平加速度峰值为0.3 g，相当于可以抵抗9级以上地震。

87. 万一发生海啸，“华龙一号”核电厂怎样才能不受影响？

由于我国东南沿海受近海岛屿和大陆架保护，进入沿海地区的海啸波能量很快衰减，在我国大陆沿海尚未发生严重的海啸。

但考虑到在海内外建设“华龙一号”所面临的不同环境，“华龙一号”设计上也有对应考虑：

1）在“华龙一号”选址之初，就要求核电厂厂坪的标高要高于设计基准洪水水位；

2）将所有安全重要物项建在设计基准洪水水位以上；

3）建造永久性的外部屏障如防波堤和其他防洪构筑物；

4）对可能产生的局部越浪，设计适当的排水设施等。

88.“华龙一号”核电厂如何应对失去外部交流电的情况？

核电厂外部交流电是保证核电正常运行、事故状态应急的重要手段。“华龙一号”核电厂充分考虑了极端自然情况（如严重地震、雨雪、台风与冰冻灾害等）或外部人为事件（如火灾等）下，核电厂失去外部交流电的可能性，准备了备用电源等一系列安全设计，以进一步提升核电厂安全运行可靠性。

当失去厂外交流电时，“华龙一号”核电厂可分别采取如下应对措施：

1）切换到备用厂外电源供电；

2）如备用电源未能成功投用，机组将切换到孤岛运行模式，由发电机提供自身负荷运行；

3）如孤岛模式未能成功切换，两列相互冗余的厂内应急柴油发电机将自动投入，为反应堆余热导出等安全系统提供后备电源，确保反应堆不会因为温度过高而发生损毁；

4）如厂内应急柴油发电机也不可用，则利用备用柴油发电机替代供电。

当全部厂内外电源都丧失的情况下，“华龙一号”非能动安全系统仍可以通过自然循环冷却方式导出堆芯余热，确保反应堆安全。

89.“华龙一号”核电厂能经受住大飞机撞击吗？

美国“9 · 11”事件之后，商用大飞机撞击核电厂成为了需要预想的一种可能事件，设计中应考虑这一极端事件。目前，国际上第三代核电厂的核岛厂房设计过程中均考虑了商用大飞机的撞击影响。“华龙一号”作为中国自主研发的百万千瓦级先进压水堆，能够抵御大型商用飞机撞击是其设计要求之一，在具体的设计中，对于关键系统、设备采用抗大型商用飞机撞击壳的方式进行防护，如反应堆厂房、燃料厂房。同时，对于冗余的安全系统及其支持配套系统，在布置设计上采取空间隔离的方式，保证即使执行安全功能的某一系列安全系统受到飞机撞击，至少还有另一列安全系统能够正常投运。

90.“华龙一号”核电厂如何防止安全壳超压?

“华龙一号”核电厂的安全壳既是阻止放射性物质向环境释放的屏障，也是最终热阱的非能动安全换热界面。为了应对安全壳超压，确保安全壳的结构完整性，主要采取了如下设计：

1）利用非能动安全壳冷却系统，将安全壳内空气中的热量直接传递到环境，限制并降低安全壳内的温度和压力；

2）利用安全壳氢气控制系统，通过非能动消氢器去除氢气；

3）安全壳内设置有冷水喷淋系统，可以降压和去除裂变产物，作为非能动系统的补充；

4）当安全壳压力超过压力限值时，利用安全壳具备空气过滤的放气通路进行安全壳放气操作。

8

八、金七门核电项目基本情况与相关问题

91. 浙江金七门核电项目概况

浙江金七门核电项目位于浙江省宁波市象山县鹤浦镇金七门村，北距象山县城区约 46 公里，西北距宁波市区约 89 公里、杭州市区约 220 公里，西距三门核电厂约 31 公里、台州市区约 78 公里。厂址规划建设 6 台百万千瓦级核电机组，统一规划，分期建设，总投资约 1 200 亿元。一期工程拟建设 2 台“华龙一号”压水堆核电机组。项目 6 台机组全部建成投产后，年上网电量约 500 亿千瓦时，年产值约 200 亿元人民币，对浙江省实现“碳达峰”“碳中和”目标以及促进浙江经济社会可持续发展具有重要意义。

92. 象山县鹤浦镇金七门村厂址是优良的核电厂址

选择适合建造核电厂的地理位置，是核电工程的第一个环节，也是核电安全管理的起点。

为了防止放射性的意外泄漏，核电厂厂址对地质、地震、水文和气象等自然条件和工农业生产及居民生活等社会环境都有严格的要求。核电厂的选择要求非常苛刻，并不是任何地方都可以建造核电厂。

在核电厂选址阶段需要开展多项专题研究，最终通过相关部门和权威专家的论证和认可，才能确定厂址适合建设核电厂。优良核电厂址的基本要求：

1）区位：厂址地处电力负荷中心，可就近向电网供电，电力输送条件好。

2）周边环境：厂址涉及搬迁人口较少，厂址周边区域没有大型工业项目，厂址半径 10 km 范围内没有十万人以上城镇，半径 5 km 范围内没有万人以上的乡镇，厂址附近人口密度低。

3）地理条件：厂址临海，大气弥散条件好；温水排放对厂址附近海域水生态影响有限，无环境保护制约因素；厂址不占或占用较少基本农田，符合国家土地利用规划；厂址基岩完整，厂址区域地壳属稳定区，不存在经过厂址的地震断层。

4）采用“干厂址”设计方案：我国的大陆架非常宽广，以我国东海为例，东海海水的平均深度只有 72 米，大部分海域在 60 ～ 140 米，而产生 12 ～ 14 米海啸的海水深度至少在 1 000 米以上。综合考虑可能发生的最大海啸、洪水及其他可能影响厂址水位上升的全部因素，厂址设计基准洪水位远低于核电厂址地坪标高（一般在 15 米以上），应对海啸、暴风等极端自然灾害能力强。

金七门村的各项条件均符合核电厂选址要求，是难能可贵的优选厂址。

93. 浙江金七门核电项目会对象山规划及发展有何影响？

金七门核电项目计划投资近千亿元，核电项目的大投入一定会带动象山县经济综合实力的大提升。

核电项目建设及运行期间会有大量核电员工、核电建设单位施工人员集聚到象山县域内，象山县中长期总体规划可考虑以融合核电发展为原则，通盘考虑核电建设者和核电员工的生产、生活的规划并加以具体落实，不仅不会造成负面影响，还会给地方经济带来显著的正向效益。

与此同时，浙江金七门核电项目的建设还会带动当地核电关联产业集群的落地，从而加速象山特色经济的发展进程。项目 6 台机组总投资超过 1 000 亿元，核电的大投入、大产出，将大力带动象山县经济综合实力的大提升。项目建设期间，每年可给地方增加税收约 2 亿元。项目建成后，每年向国家和地方缴纳税费超过 40 亿元，每年给当地提供教育费附加约 1.4 亿元，教育费附加将专款用于发展地方性教育事业。

同时核电“全产业链”关联度高，涉及上下游数十个行业，具有极强的关联孵化效应。核电关联产业，是指与核电的设备制造、技术研发、工程设计、运行维护、教育培训、建设安装与核技术应用以及相关配套的服务等领域相关的产业。既包括核电上下游全产业链，又是核电厂所有设备和辅件的总成。象山县既可以围绕核电关联产业这个“产业链”，重点抓好“产业集群”，大项目引进落地，也可以主动接轨金七门核电项目，请核电业主带领地方企业抱团发展、错位发展和关联发展，瞄准核电市场这个总目标，重点培育扶持本地企业，打造“核电关联区域特色品牌”。

94. 浙江金七门核电厂相关进展及建设信息会及时公开吗?

充分的信息公开是增强公众对核安全的信心、保障社会稳定的重要举措，公开透明是核安全监管的基本原则。

项目在选址及建设过程中，会按照国家法律法规，在公共媒体平台上进行多次信息公开，如环境影响评价公众参与公告和项目基本信息公告等，并提供反馈意见的渠道，从而保证公众的知情权、参与权与监督权。

同时，项目的建设进展信息由建设单位长期公开，供社会各界公众了解情况。

核电厂建成运行后，根据法规要求，核电厂承担向公众公开核与辐射信息的义务，制定核电厂核与辐射安全信息公开方案，明确信息公开的组织体系及其职责分工；提供信息公开方式及索取方式。同时建立交流沟通机制，每年举办核与辐射信息公开新闻发布会。

95. 项目温排水不会对海水养殖及生态造成影响

为了评价核电厂温排水对于邻近海域的影响，每个核电项目开工建设后（运行前），都开展了温排水数模、物模试验，根据核电项目对海洋环境影响最小的原则，确定取排水口的位置和布置型式。核电厂的放射性对环境的排放始终是控制在规定范围以内的。即使是与海洋生物关系最为密切的核电厂温排水，也与放射性介质存在层层物理隔离，不会带有放射性，因此项目周围的海水养殖产品不会有放射性。

金七门核电项目温排水拟采用深排方式，排水口经过长水渠入海，对海水的温度影响很小，且影响范围仅局限于出水口很小区域内，并被包含在厂用海域以内，对厂用海域以外的海水养殖、海洋生态不会造成影响。

96. 浙江金七门核电项目不会影响象山种植

核电厂正常运行情况下，对环境的影响微乎其微，不会引起周围环境中的生物产生可观测到的遗传效应。同时，核电厂建成发电后，为了监测核电厂周边的空气辐射剂量，国家自然资源部门和核电运行业主公司在核电厂周边分别设立两套互相独立的监测系统，这些监测点 24 小时连续监测核电厂及周边 10 公里范围内的实时辐射数据。以秦山核电厂为例，长期监测数据说明，秦山核电厂从第一台机组运行以来，辐射剂量水平一直处在正常范围内。

金七门核电项目建成运行后，不排放有害物质，对周边环境的气候、阳光没有任何影响，不会影响种植业。